www.ingramcontent.com/pod-product-compliance
Lightning Source LLC
Chambersburg PA
CBHW030712220526
45463CB00005B/2009
9781687720184